英伦巡礼

第1季

吴国盛 著

中国科学技术出版社

·北京·

图书在版编目（CIP）数据

吴国盛科学博物馆图志. 英伦巡礼. 第 1 季／吴国盛著. —北京：中国科学技术出版社，2017.3（2020.8 重印）

ISBN 978-7-5046-7275-9

I.①吴 … II.①吴 … III.①科学技术－博物馆－英国－图集 IV.① N28-64

中国版本图书馆 CIP 数据核字 (2016) 第 259716 号

策划编辑	杨虚杰
责任编辑	鞠　强
装帧设计	犀烛书局
责任校对	杨京华
责任印制	马宇晨

出　　版	中国科学技术出版社
发　　行	中国科学技术出版社有限公司发行部
地　　址	北京市海淀区中关村南大街 16 号
邮　　编	100081
发行电话	010-62173865
传　　真	010-62173081
网　　址	http://www.cspbooks.com.cn

开　　本	889mm×1230mm 1/32
字　　数	168 千字
印　　张	7
版　　次	2017 年 3 月第 1 版
印　　次	2020 年 8 月第 2 次印刷
印　　刷	天津兴湘印务有限公司
书　　号	ISBN 978-7-5046-7275-9/N・219
定　　价	48.00 元

（凡购买本社图书，如有缺页、倒页、脱页者，本社发行部负责调换）

目录

前　言

科学博物馆（Science Museum，简称"科博馆"）广义上包括自然博物馆（Natural History Museum）、科学工业博物馆（Science and Industrial Museum，简称"科工馆"）和科学中心（Science Center）三种科学类博物馆，其中自然博物馆专门收藏动物、植物与矿物标本，展示大自然的品类之盛；科学工业博物馆专门收藏科学仪器、技术发明和工业设备，展示近代科技与工业的历史遗产；科学中心基本上不收藏，以展陈互动展品为主，帮助观众在玩乐和亲手操作中理解科学。按照出现的历史顺序，这三类博物馆或可分别称为第一代、第二代和第三代科学博物馆。不过，它们虽然有历时关系，但也具有共时关系，因为后一代科学博物馆类型的出现并没有取代前一代，而是同时并存、互相补充。就此而言，这三类博物馆又可以称为第一类、第二类和第三类科学博物馆。在有些大型科学类博物馆中，这三种类型的展陈内容和展陈形式兼而有之、相互融合、相得益彰。

科学博物馆在弘扬科学文化、推动公众理解科学、提高公民科学文化素质方面，发挥着不可替代的作用。在我国，科学博物馆常见的称呼是"科技馆"或"科学技术馆"。近十多年来，随着经济实力的提高，我国从中央到地方陆续兴建和改造科技馆。我们也许可以说，中国正在进入科技馆的发展高峰时期。学习发达国家的科学博物馆，借鉴他们的成功经验，对中国的科技馆建设和发展具有重要意义。中国科技馆界需要更多的了解国外科博馆。

另一方面，随着我国人民生活水平的提高，出国旅游越来越成为时尚。在欧美发达国家，参观博物馆是旅游的重要项目，因为博物馆积淀了一个地区、一个民族的文化精华，是最重要的人文景观。中国游客早晚会养成参观博物馆的习惯，并且在参观博物馆中了解异域的文化、陶冶自己的情操。目前，参观艺术博物馆一定程度上成为共识，相关旅游指南多有出版，但科学博物馆尚未被更多的旅游者所了解。这个局面也需要打破。

2013 年秋天，我受聘担任湖北省科技馆新馆内容建设总编导，全面负责内容建设布展大纲的编创工作。为了完成这一工作，过去两年来，我利用各种机会访问了许多发达国家的科学博物馆，拍摄了数千张照片。在中国科学技术出版社杨虚杰女士的大力支持下，我精选了若干展品图片，配上相应的文字，按照国别地区分册，集成了这套"吴国盛科学博物馆图志"，希望能够对中国的科技馆界和广大出国旅游者有所裨益。

英国是近代科学的诞生地。近代科学的奠基人牛顿是英国人，达尔文也是英国人。从吉尔伯特、哈维、波义尔、胡克、培根，到卡文迪许、普利斯特列、戴维、赫舍尔、焦耳、法拉第、麦克斯韦、开尔文，这一长串在科学史上闪光的名字镌刻在英伦三岛的上空。英国也是工业革命的策源地。曼彻斯特、伯明翰、格拉斯哥，曾经是世界的制造中心。瓦特、特里维西克、斯蒂芬逊这些伟大的发明家、工程师，运用蒸汽动力把工业革命推向高潮。英国还是博物馆的发源地。公认近代第一个博物馆是 1683 正式开放的阿希莫尔博物馆。大英博物馆被列为世界三大博物馆之一。英国的科学博物馆，历史悠久、类型完整、藏品丰富、展陈理念先进，值得长时间的驻足参观。

2014 年 4 月 9 日至 4 月 16 日，我前往英国考察科学博物馆，先后访问了大英博物馆、伦敦科学博物馆、剑桥惠普尔科学史博物馆和约克国家铁道博物馆。本书对上述四馆的考察过程做一个回顾。

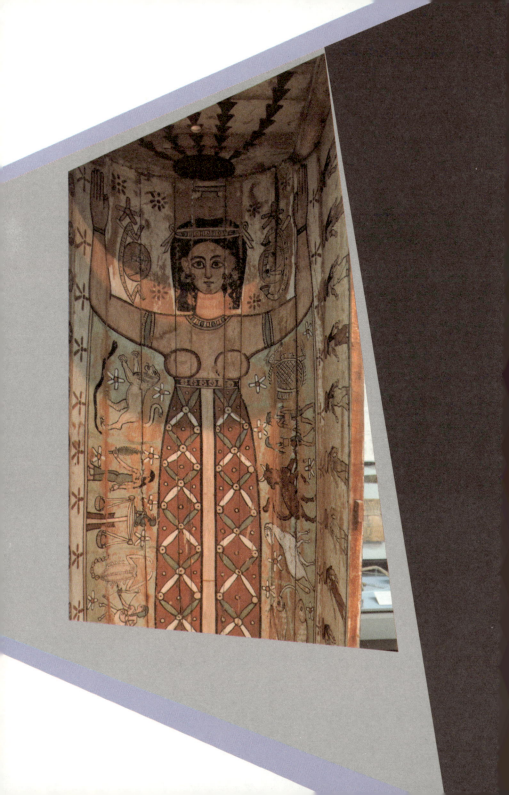

第一站

大英博物馆

BRITISH MUSEUM

大英博物馆

BRITISH MUSEUM

　　我于 2014 年 4 月 9 日下午 2 点乘国航班机 CA937，告别雾霾笼罩的北京前往伦敦，10 个小时后，当地时间同日傍晚 6 点到达伦敦希思罗机场。乘地铁前往事先订好的宾馆，与大英博物馆仅一条马路之隔的 Ruskin Hotel-B&B 住定。次日先参观大英博物馆。

　　大英博物馆（British Museum）成立于 1753 年，1759 年 1 月 15 日对外开放。英国收藏家汉斯·斯隆（Hans Sloane, 1660—1753）贡献了第一批收藏，包括动植物标本、书籍、手抄本、文物等，成为博物馆的创建者。1880 年，英国自然博物馆独立，动植物标本随之迁出；1900 年，大英图书馆独立，书籍、手稿随之迁出。目前的大英博物馆拥

有 1300 万件收藏，自然博物馆拥有 7000 万件藏品，大英图书馆拥有 1 亿 5000 万册图书。2013 年，大英博物馆接受了 670 万人次的参观访问。

　　大英博物馆共三层，地下一层，地上两层。博物馆分非洲、美洲、古埃及、古希腊罗马、亚洲、欧洲、中东等七大展区，还有启蒙运动、收集世界、生与死、钟表、钱币等五个特展区，共 40 多个展室，收藏展陈了包括古埃及文物、中国艺术珍品、希腊文物在内的世界各国的优秀文化遗产。参观免费，但鼓励捐款。因此行的任务主要是考察科技博物馆，而且时间有限，对大英博物馆的多数展品只能匆匆一瞥。再说，大英博物馆名气大，国内的相关出版物也比较多，这里只展示一些与科技关系比较密切的展品图片。

◁ 一层中庭，中间是阅览室，头顶是巨大的玻璃顶。

▽ 楼梯处的希腊雕像

◁ 欧洲厅里的本特利（Richard Bentley, 1662-1742）泥塑胸像。他
曾担任剑桥大学三一学院的院长，是牛顿科学的热情推动者。

1550-1575 年制造的弩，上面镶有象牙。

组合了转轮点火装置和火绳的手持火炮，约 1590 年制造，是 16 世纪后期仅存于世的炮弹发射装置。

17 世纪初的各种火枪

Cuneiform planisphere (star chart)
Objects of this type are sometimes called astrolabes, but they cannot have been used for astronomical calculations. The heavens are represented in eight segments which include drawings of the constellations. However, it is disputed how much practical knowledge is contained here.

◁ 工作人员给小观众们讲解钱币

◁ 古巴比伦的星图泥板

▷ 古巴比伦关于金星观察记录的泥
　板。过去在书本上多次见过照片，
　第一次见实物，感觉泥板比想象
　中的要小得多。

Observations of the planet Venus

This tablet records observations of the planet Venus, probably made in the reign of Ammisaduqa, king of Babylon, roughly 1000 years before Ashurbanipal. Many modern attempts have been made to use them to calculate the exact dates of Ammisaduqa's reign, and also earlier periods. Uncertainty persists however, because the records are inconsistent.

ME K 160

埃及棺材里绘制的神话宇宙图景

罗马人的书写工具

公元 1 世纪到 2 世纪罗马人给矿井抽水的水轮

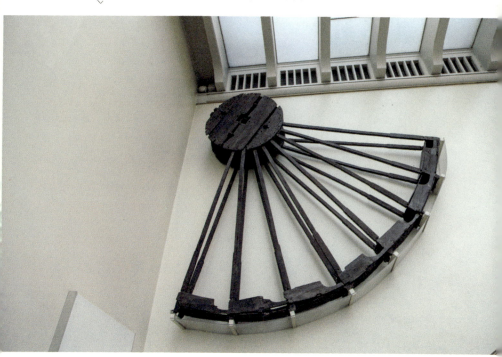

钟表厅（第38号展室）

　　特展厅中的钟表厅（第38号展室）是我最感兴趣的一个展厅。著名技术史家芒福德（Lewi`s Mumford，1895-1990）有一句名言："工业时代的关键机械不是蒸汽引擎而是钟表"。机械钟表史的研究在我国还很不够。对钟表这种机械装置没有感觉的人，不可能对数理科学着迷。

斯特拉斯堡大钟的缩微版 1589年由艾萨克·哈布里夏（Isaac Habrecht）制作。每个小时都奏响音乐，上面四层有人物出没。下面三个指针分别指示小时、刻和特殊的日期。

古老的机械钟模型，用重锤作动力。

△ 1768 年的旅行钟，内部齿轮极为精致和复杂。

▽ 1820 年的滚球钟

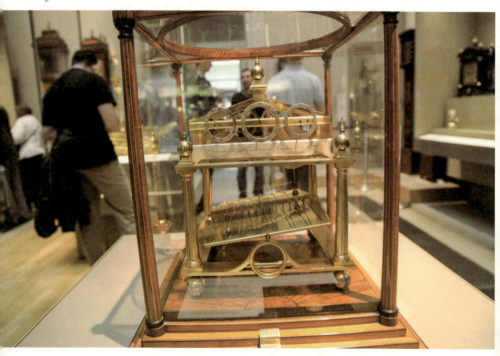

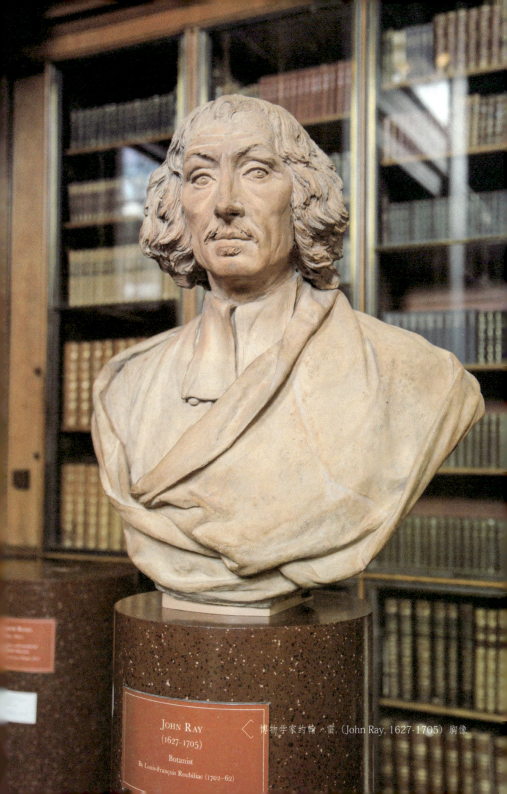

博物学家约翰·雷 (John Ray, 1627-1705) 胸像

◁ 收藏家汉斯·斯隆收藏的物品（玉石、水晶等），他的收藏成为大英博物馆建馆时期的核心藏品。

▽ 18世纪收集的贝壳标本

斯隆收藏的星盘

1758 年制造的吸水泵

△ 1750 年左右制作的太阳系仪

◁ 罗塞塔石碑的复制品，可以用手抚摸。真品
在第4号展室里。

◁ 斯隆收藏的博物学绘画

▷ 罗塞塔石碑真品

博物学家班克斯（Joseph Banks, 1743-1820）大理石胸像

伦敦科学博物馆

SCIENCE MUSEUM

伦敦科学博物馆

SCIENCE MUSEUM

　　伦敦的南肯辛顿地区有众多的博物馆，维多利亚与阿尔伯特博物馆、自然博物馆和科学博物馆都在这里。我在到达伦敦的第三天（4月11号）去参观科学博物馆。

　　科学博物馆（Science Museum，以下有时简称"科博馆"）的历史可以追溯到1857年。1851年的海德公园水晶宫博览会留下了不少技术制品，在此基础上南肯辛顿博物馆于1857年建立。1885年，科学藏品独立成为科学博物馆。1909年命名为维多利亚和阿尔伯特博物馆的新馆开放，以收藏艺术品为主，单列的"科学博物馆"则于1909年

△ 伦敦科学博物馆外景。

6月26日正式开放。1920年代，科学博物馆增添了一个副牌：国家科学工业博物馆。1960年代，科学博物馆的布展原则由原来单纯的技术教育，转变为在历史和社会背景下理解技术制品。1975年在约克建立国家铁道博物馆。1983年建立摄影博物馆（今为媒体博物馆）。今天伦敦科学博物馆的全称是"国家科学工业博物馆（Mosi, Museum of Science and Industry）"，包括5个博物馆，分别是：伦敦科学博物馆、曼彻斯特科学工业博物馆、国家铁道博物馆（York）、国家媒体博物馆、国家铁道博物馆（Shildon），形成了一个博物馆群。本次考察活动，我将到访前三个博物馆。

科学博物馆目前有超过30万件藏品，包括著名的斯蒂芬逊火箭号火车头、普芬比利号火车头（现存最古老的蒸汽火车头）、第一台喷气引擎、克里克和沃森DNA模型的复制品、旧的蒸汽引擎、巴比奇的差分机和万年

钟等。该博物馆每年吸引 320 万人次的观众。

伦敦科学博物馆是此次博物馆考察中最令我兴奋和激动的科博馆，因为它极为丰富的藏品，以及它把科技遗产与社会历史背景密切结合的综合布展理念，正合我心目中的科学博物馆形象。

◁ 维多利亚和阿尔伯特博物馆外景，它在科学博物馆的东边，隔着展览路与科学博物馆相望。

◁ 自然博物馆的地质馆外景，它在科学博物馆的南边，隔着博物馆路与科学博物馆相望。

◁ 科博馆上午 10 点开放，下午 6 点关闭。我到的时候还没有开门，观众正在外面排队等候。

▷ 一进门就看见墙面上大幅标语："欢迎来到人类创造之家"，上面画有几个典型技术发明（从零点处顺时针）：汽车、飞机、电动机、自行车、蒸汽火车、星盘、计算器、射电望远镜、电话、太空回收舱。

▽ 科学博物馆大厅入口处，观众正在入场。虽然免费，但鼓励捐款。各式各样的自行车悬挂在头顶。

伦敦科学博物馆是一个东西长、南北窄的建筑，入口在东边展览路（Exhibition Road）上。建筑主体东部区地面三层高，中部区地面四层高，最西端的维康翼（Wellcome Wing）地面建筑有六层。中西部区地下还有一层。

　　一层（英国人称 ground floor）有 8 个展区，分别是：能量厅、瓦特与我们的世界、傅科摆、探索太空、制造现代世界、维康区、人机界面和天线科学新闻。

　　能量厅共展示了 11 个各式蒸汽引擎。蒸汽动力推动了英国工业革命。直到今天，我们生活中 75% 的电力仍然来自蒸汽能量。这些或者锈迹斑斑、或者仍然工作的蒸汽机，向来访的观众讲述着英国工业革命的伟大故事。

▽ 一楼大厅中空贯通二楼和三楼，一个巨大的铁环悬挂在空中。

△ 这是一个 1：12 缩微的大气机模型，由约翰·斯密顿（John Smeaton,1724-1792）设计，采纳了纽可门（Thomas Newcomen,1664-1729）的原始设计。这个大气机曾经于 1772 年架设在朗本顿（Long Benton）煤矿。

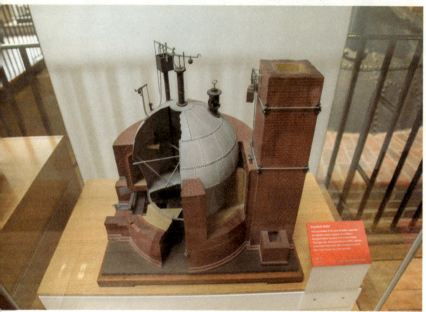

▷ 第 3 号展品，1777 年瓦特和他的合作伙伴博尔顿制作的名叫"老贝斯"的蒸汽机。

▷ 这是现存最古代的蒸汽锅炉，称为"草垛式锅炉"（haystack boiler）。它曾为 1796 年的蒸汽机提供蒸汽，制造年份也差不多是这个时间。这种样式的锅炉出自啤酒坊里面的铜制酿酒器，只能提供比较低的蒸汽压。

▷ 草垛式锅炉的模型，这种样式的锅炉一直使用到 19 世纪末期。全手工制作，很少有保存下来的。

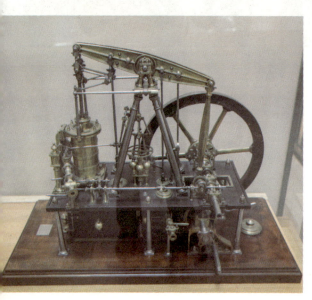

△ 博尔顿和瓦特公司于 1813 年制造的独立横梁式蒸汽引擎模型。

◁ 威廉·胡帕尔（William Hooper）于 1838 年制造的横梁式转动蒸汽引擎模型。

◁ 第 5 号蒸汽引擎   ◁ 第 6 号蒸汽引擎

◁ 1881 年辛普森型横梁蒸汽引擎模型（1：26 比例）。

▽ 第 8 号蒸汽引擎，制造时间约为 1838 年。

▷ 第 10 号蒸汽引擎

　　蒸汽机成为工厂的心脏，它使巨大的工厂生产系统成为可能，工厂系统又产生了工业区、生活区、服务系统。

　　科博馆对瓦特予以极高的评价，认为他以个人的努力推动了工业革命，并且通过贸易影响了全世界。他是可与牛顿和莎士比亚相媲美的伟大人物。

◁ 瓦特使用过的工具

◁ 1862 年绘制的一幅科学英雄谱，51 位生活于 1807-1808 年间的
英国科学精英入选，瓦特赫然居中而坐，膝盖上放有一些图纸。

◁ 瓦特（James Watt, 1736-1819）画像。背景是格拉斯哥大学，瓦
特职业生涯开始的地方，脚下是纽可门机的绘图。画像展示了一个
自信、和蔼、聪慧的男人形象。这幅画像是仿照 1802 年的画像（据
说是瓦特自己最满意的一幅画像）绘制的。

WATT'S FIRST EXPERIMENT.

△ 1879 年绘制的这幅画描绘了一个在 19 世纪的英国流传甚广的传说：瓦特小时候对开水沸腾后掀开壶盖表示兴趣，并因而发明了蒸汽机。科博馆澄清说，事实上瓦特的确使用水壶做过蒸汽实验，但那是他已经在格拉斯哥当设备修理工的时候。

1849 年绘制的另一幅画表现少年瓦特对沸腾水壶的兴趣。瓦特本人从未讲过
这个故事。故事是从他的表兄弟坎培尔（Marion Campbell）嘴里讲出来的。
画面上，瓦特的姨妈不能理解瓦特的行为，以为是消磨时间的一种游戏。

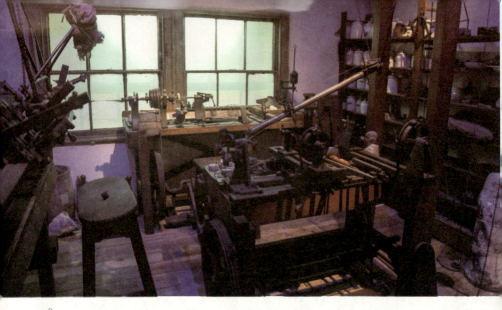

△ 瓦特工作间之一。瓦特1819年去世之后，他的工作间一直尘封未动，科学博物馆希望接收作为永久收藏。1924年，工作间由希斯菲尔德（Heathfield）整体移到现在的科学博物馆。这个原样布置的工作间，让人们领略到伟大发明家的精神气质。

▽ 瓦特工作间之二

△ 瓦特工作间之三。三座瓦特的半身雕像居于其中　　▽ 楼梯间的傅科摆，盘面上标有时间刻度

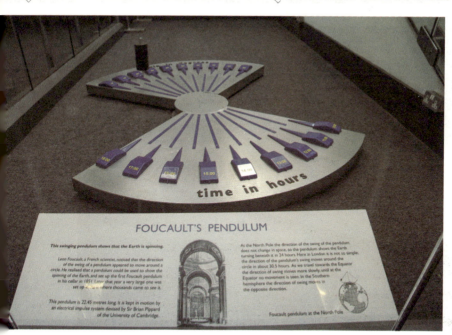

time in hours

FOUCAULT'S PENDULUM

This swinging pendulum shows that the Earth is spinning.

Leon Foucault, a French scientist, noticed that the direction of the swing of a pendulum appeared to move around a circle. He realised that a pendulum could be used to show the spinning of the Earth, and set up the first Foucault pendulum in his cellar in 1851. Later that year a very large one was set up where thousands came to see it.

This pendulum is 22.45 metres long. It is kept in motion by an electrical impulse system devised by Sir Brian Pippard of the University of Cambridge.

At the North Pole the direction of the swing of the pendulum does not change in space, so the pendulum shows the Earth turning beneath it in 24 hours. Here in London it is not so simple: the direction of the pendulum's swing moves around the circle in about 30.5 hours. As we travel towards the Equator the direction of swing moves more slowly, until at the Equator no movement is seen. In the Southern hemisphere the direction of swing moves in the opposite direction.

Foucault pendulum at the North Pole

 探索太空展区

▷ 18世纪和19世纪军事上使用的火药和火箭。
   左上三个瓶子里分别装有木碳、硝石、硫磺，火
   药通常是用它们混合配制出来的。

△ 人造地球卫星悬挂在上，英军士兵的火箭在下。

▷ 戈达德的火箭模型

▽ 1944 年德国制造的 V2 火箭发动机

△ 1957 年的火箭模型

'The Earth is a cradle of the mind, but we cannot live forever in a cradle.'
Konstantin E. Tsiolkovsky, Father of Russian Astronautics, 1896

Ne

飞出地球。这里引用了齐奥尔科夫斯基（Tsiolkovski，1857-1935）的名言"地球是人类的摇篮，但我们不可能永远住在一个摇篮里。"不过似乎把 mankind 错写成了 mind。

△ 月球上的岩石（重 83 克），1971 年 8 月由阿波罗 15 号飞船上的宇航员大卫·斯科特（David Scott）从月球上带回。阿波罗登月计划（1969 年 -1972 年）总共带回了 400 公斤月球样本。样本研究表明，月球有 45 亿年的历史，可能是地球受行星尺寸的物体撞击之后分离出去的碎片。

△ 宇航员如何在太空生活（包括吃喝拉撒）的展板　　▽ 登月舱模型，左边是一个球幕，放映宇航短片。

△ 启蒙时代的物品：太阳系仪、静电起电机、砝码、显微镜。

　　制造现代世界展区的内容，表达了现代世界是由现代技术制造出来的。我们发明、制造和使用一些新的物品，现代世界就是在这些新物品基础上诞生的。这个展区时间跨度是 1750 年 -2000 年，共 250 年，分成 9 个展台：启蒙运动与测量（1750-1820）、机器制造（1800-1860）、工业城镇（1820-1880）、工程师时代（1820-1880）、第二次工业革命（1870-1914）、大众时代（1914-1939）、挑衅的现代主义（1930-1968）、设计多样性（1950-1965）和彷徨时代（1960-2000）。

◁△ 著名的卡通画《气体新发现》，表现一个关于空气的公开实验讲演。

◁ 菲利普·卢泰尔堡（Philip James de Loutherbourg）于 1801 年创作的《库布鲁克达尔之夜》原件，表现工业革命热火朝天的景象。

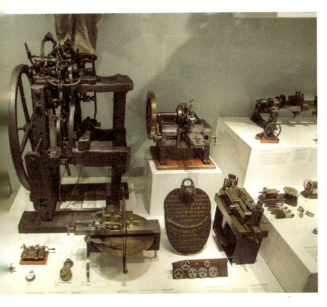

▷ 启蒙时代的各种测量仪
器：机械钟表、经纬度、
直尺、圆规、量杯、温度
计和湿度计等。

▷ 机器制造：制造锁的机器。

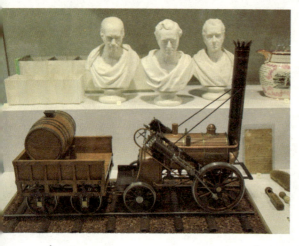

▷ 斯蒂芬森制造的火箭号火车头模型　　▷ 博尔顿（Matthew Boulton, 1728-1809，左）与瓦特雕像

▷ 水晶宫博览会

▽ 第二次工业革命，以内燃机的问世为标志。这里展示了内燃机三轮摩托车，以及电灯泡和照相机。

▽ 第二次工业革命。电动机、打字机、滚筒式计算机。

◁ 油画《军需厂里的姑娘》　　▽ 大众传播时代的电唱机、摄影机和收音机。

现代主义时代的牙科手术台

彷徨时代的头部核磁共振扫描仪

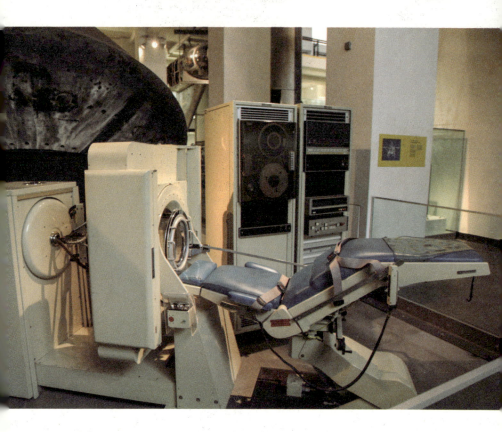

彷徨时代的汽车与飞机

◁ 彷徨时代的老式汽车　　　▽ 1868 年的火车头

▷ 斯蒂芬森制造的火箭号火车头原件，世界各地的大型科学博物馆都照此仿制。

在这个展区还有一个被称为"日常生活中的技术1750-2000"展台，展出了科学技术史上一些非常有名的伟大发明的原件，真让人大饱眼福。

▽ 霍威（Elias Howe）的缝纫机（1846年）　　　　▷ 焦耳发现能量守恒与转化定律时使用的搅水机

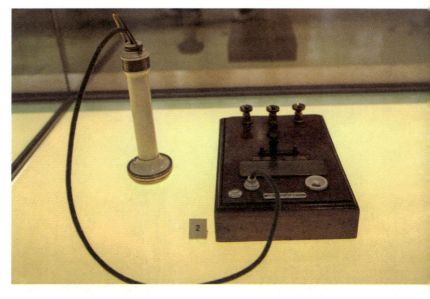

◁ 贝尔发明的电话机（1878年）

▽ 斯万（Swan, 1879年，编号4）和爱迪生（1880年，编号5）发明的电灯泡。

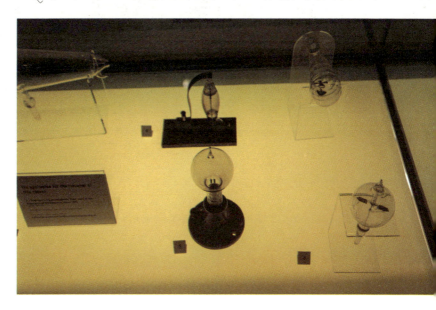

◁ 蒸汽动力驱动的明轮桨

▷ 威廉 · 赫歇尔（Wilhelm Hersche）约在 1785 年制造的天文望远镜

◁ 1820 年 -1880 年间使用的马车　　▽ 蒸汽引擎的拖拉机

△ 特里维西克的火车头（约 1797 年）模型。

◁ 哈里森（John Harrison）1715 年发明的钟表。

△ 瓦特发明的独立冷凝器（1765 年）

▽ 阿克莱特的纺织机革新

◁ 戴维发明的安全灯（1816 年）

◁ 法拉第的磁铁和线圈（1831 年）

◁ 1816 年左右的罗伯兹（Roberts Lathe）车床

◁ 约 1825 年的提花织布机（Jacquard Machine）　▽ 1839 年生产的原始达盖尔式全版照相机

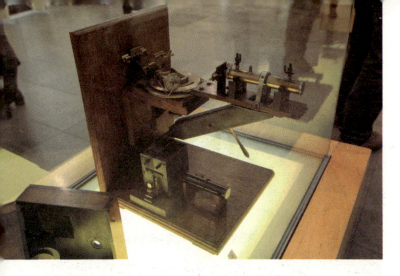

◁ 布拉格的X射线光谱仪（1913年）　　▽ 格林尼治时间服务系统

导弹的诞生

Birth of
the missile

◁ 1972 年阿波罗 17 号拍摄的地球照片以及指令舱

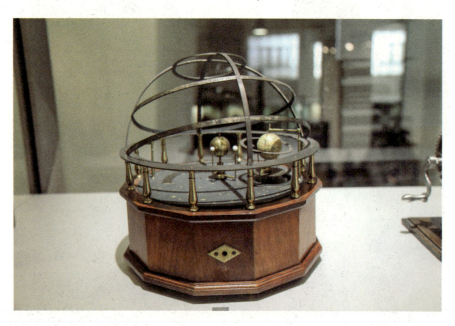

△ 1955 年的铯原子钟　　　　　　　▽ 1790 年的太阳系仪

1968 年 - 2000 年的各类计算机

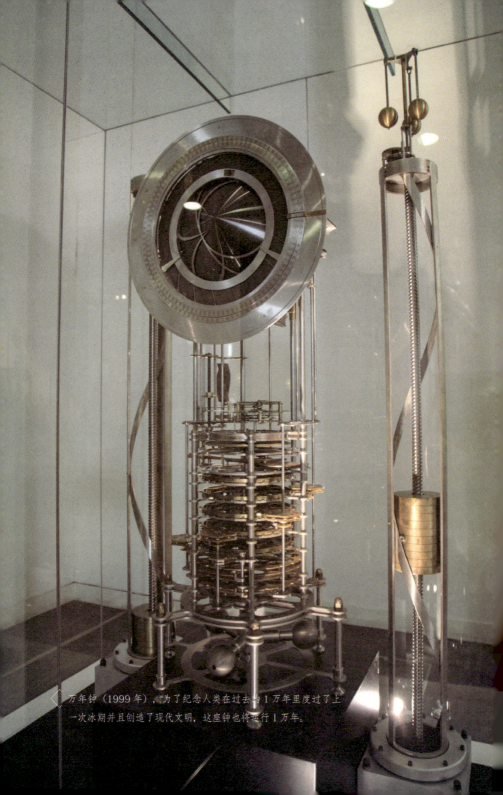

万年钟（1999年），为了纪念人类在过去的1万年里度过了上一次冰期并且创造了现代文明，这座钟也将运行1万年。

看完一楼下到地下一层，这里有供儿童游玩的科学公园，有"居家生活的秘密"展厅，还有粒子加速器展厅。

居家生活厅里的早期马桶

抽水马桶

▷ 自动洗衣机的运作原理　　▷ 燃气炉和微波炉

△ 吸尘器　　　　▽ 电视机

△ 各式收音机　　▽ 取暖设备

◁ 电灯、电风扇、电热器　　　◁ 缝纫机

◁ 1989 年的粒子加速器　　▽ 电唱机

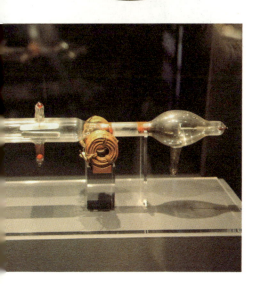

△ 威尔逊（Charles Wilson, 1869-1959）发明的云室

▷ 1946 年的云室

◁ 汤 姆 逊（J. J. Thomson, 1856-1940）于 1897 年在剑桥卡文迪许实验室使用的阴极射线管。

◁ 儿童乐园里，小朋友们可以玩水。

〈 回到一楼，最西端有一个互动区，有许多触摸屏供观众通过电脑互动。

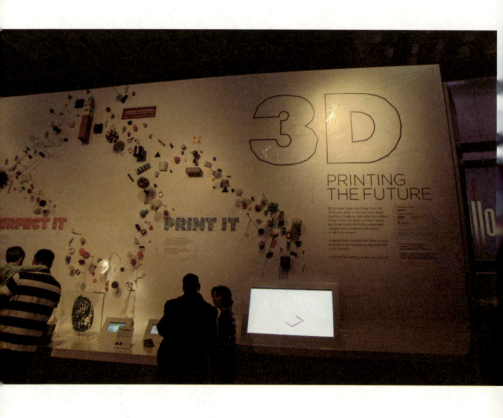

◁ 互动区附近有 3D 打印体验区

上到二楼（英国人称一楼），这里有 7 个展区，自西往东分别是：我是谁、测量时间、宇宙与文化、农业、无线通信、可听邮局和材料挑战。

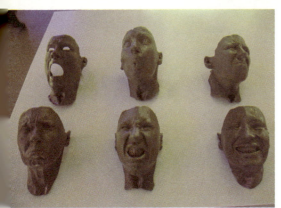

我是谁？展板上说："我是谁？我不只是我自己。你的身份认同由你碰到的人和你遇到的事来界定。你的面容暴露了你的性别、文化传统和你的感受。脑科学确认了人类成员之间令人吃惊的相似性。你分享了相同的情感，以相同的方式读解脸部，但你的反应可以完全不同。"

人类的基本感受。

COSMOS & CULTURE
How astronomy has shaped our world

From the Stone Age to the Space Age, people have watched the stars. The sky has been our clock and compass, and a source of wonder. Human ingenuity has created a huge variety of instruments to help us study the skies, and make sense of what we see. Our understanding of the cosmos continues to change, but astronomy will always inspire.

宇宙与文化展区，展示世界各地的星空文化。"仰望星空"不只是今天我们认为的科学行为，而首先是一种文化。

印度的古天文台模型

△ 时间测量展区入口

△ 英国的操纵杆擒纵器

△ 已知最早的表现钟表的绘画，这幅大约作于
1558年的油画叫做《拿着手表的男人》。

△ 希腊人的水钟（右）。下方的圆柱浮在水面上，随着水面的上升或下降而沉浮，穿过圆柱中心的长棍是指针。

◁ 1783 年航海钟上的擒纵器

▷ 各式沙漏。在机械钟发明之前，沙漏是西方常见的计时装置　　▷ 16世纪的便携式日晷

◁ 这个出自马特利教堂（Martley Church）的古老钟表（约1680年制造），把机械钟的基本原理表露无遗。右边长长的下面带圆形铁饼的是单摆，最上边是擒纵器，控制着齿轮的周期转动，左边的两个木制的转筒用来悬挂下面的重石，重石的重力是钟表的动力。

◁ 18世纪的日晷

△ 威尔斯大教堂大钟（Wells Cathedral clock）建于 1392 年，是目前保存的第二古老的机械钟
（第一古老的是索里斯伯里大教堂大钟）。1600 年代，水平转动式摆被单摆取代。这架大钟
于 1871 年被伦敦专利博物馆收藏，专利博物馆后来成了科学博物馆的一部分。

△ 农业展区的实景模型，表现联合收割机工作的场景。   ▽ 农业实景模型

◁ 农业实景模型

◁ 铁制农具　　　◁ 马拉转磨模型

上到三楼（英国人称二楼），这里有 6 个展区，自西往东分别是：大气、数学、计算、能量、电子音乐和媒介空间。媒介空间展区是科学博物馆与国家媒介博物馆合作开办的。

◁ 电子音乐合成器

机械驱动的计算机

△ 计算尺乘法和除法的基本原理，两条尺子上的刻度是按照对数标定的，乘法化成对数的加法。

1876 年制造的可以预测潮汐的机器

△ 滚筒式计算器　　　　▽ 缩放仪（比例尺）画图

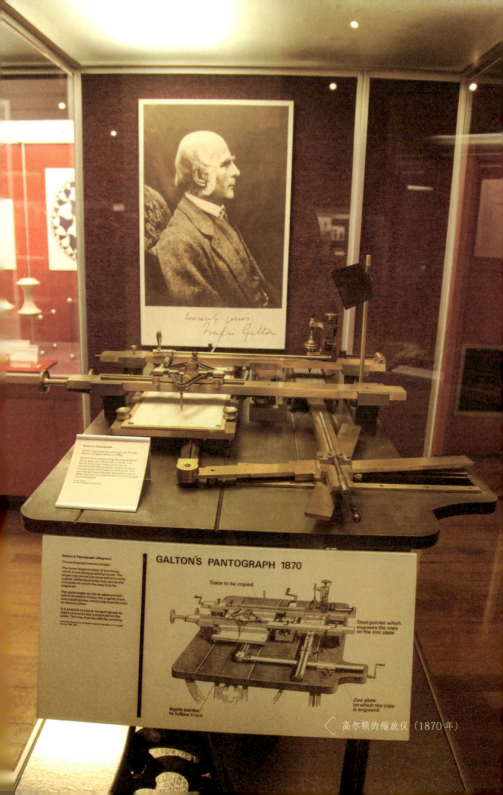

GALTON'S PANTOGRAPH 1870

Trace to be copied

Steel pointer which
engraves the copy
on the zinc plate

Agate pointer
to follow trace

Zinc plate
on which the copy
is engraved

高尔顿的缩放仪（1870 年）

◁ DNA 双螺旋模型

Mechanical counter

This is a model of a nineteenth century mechanical counter. They were used to show the number of times a machine performed an action.

Pull the lever to count a unit. The top number is the total.

△ 19世纪的机械计数器

▽ 各式各样的计算工具, 从原始的结绳计数、中国的算盘, 到纳皮尔算筹、莫兰的加法器, 应有尽有。

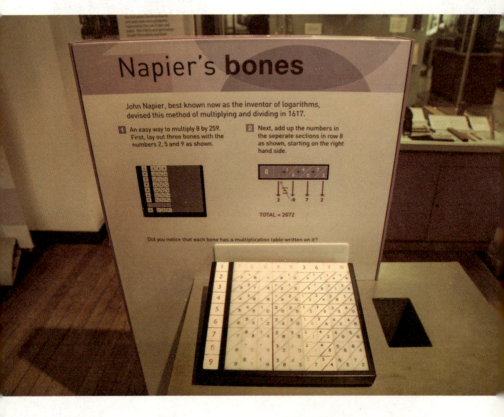

納皮尔（John Napier, 1550-1617）算筹。这位英国数学家在他于 1614 年发表的《奇妙的对数定律说明书》一书中发明了对数，1617 年发明了这套算筹。算筹共 10 条，每条 9 行，每行刻有数字，可以用于乘法和除法运算。如图所示，如果想算 8 乘 259，把首行数字分别为 2、5、9 的算筹摆出来，把第 8 列的诸多数字加起来就得出了结果 2072。

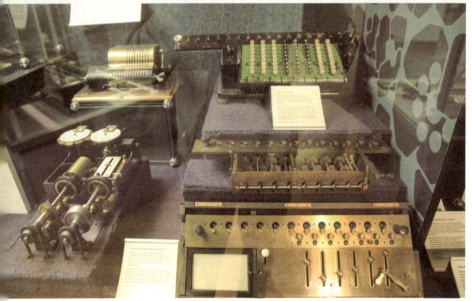

◁ 计算器具

△ 计算器具

△ 随身带的计算器　　◁ 开普勒与五个正多面体，从左至右：四面、六面、十二面、八面和二十面。

巴比奇（Charles Babbage, 1791-1871）于 1847-1849 年间设计的差分机二号模型（1991年制造），用于计算数学用表。英国数学家巴比奇 1821 年设计出了差分机模型（伦敦科学博物馆一楼的"现代世界的制造"展区有展），1833 年设计出以穿孔卡片为自动控制手段的分析机。但是在他生前，这些模型并没有真的被制造出来并投入实用，而且被人遗忘。

◁ 巴比奇的分析机

◁ 巴比奇。墙面上是他的画像，中间玻璃瓶里居然装的是他的大脑，右下是他设计的航海信号灯。

△ 世界上第一架能工作的差分机，由瑞典工程师乔治·舒尔茨（George Scheutz, 1785-1873）和爱德华·舒尔茨（Edvard Scheutz, 1822-1881）父子（这里展台上的解说词说他们是兄弟，显然有误）按照巴比奇的设计于1853年成功制造出来，1855年在巴黎的世界博览会上展出，1859年卖给英国政府。这里展出的就是这台差分机。

上到四楼（英国人称三楼），这里有 8 个展区，自西往东分别是：未来区、维康区、飞行、飞行模拟、飞行工作室、健康、发射台和 18 世纪的科学。未来区有许多大大小小的触摸屏。

◁ 飞行区里悬挂了不少飞机

△ 飞行区里的水陆两用飞机

◁ 老式飞机

◁ 早期的滑翔机

▷ 蒙哥菲尔的热气球模型（1：10 比例）。1783 年 11 月 21 日，科学教师罗策尔（Pilatre de Rozier）和步兵军官阿尔兰德（Marquies d' Arlandes）乘坐热气球做了有史以来的第一次气球飞行，他们花了 25 分钟飞越了巴黎上空。

冠名"18世纪的科学"的展区是英王乔治三世的藏品展。

△ 这是留存下来最早的太阳系仪之一,它是 1712 年罗利(John Rowley)为奥瑞伯爵(Earl of Orrery)制作的,以后所有的太阳系仪都被命名为奥瑞。摇动手柄可以展示太阳、地球和月球的周日运动。

天球仪

◁ 五个正多面体　　◁ 太阳系仪

显微镜

△ 彗星仪，摇动手柄可以演示开普勒面积定律，即在相同的时间内彗星扫过相同的面积。

◁△ 贮电瓶　　◁▽ 起电机

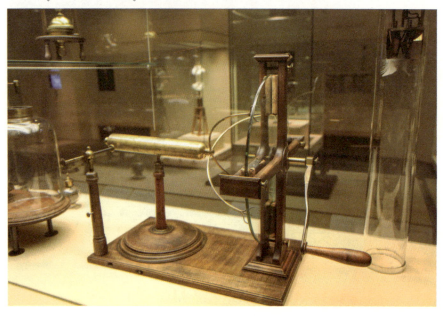

＜ 机械组件，包括滑轮、天平、杠杆等，约 1790 年制造。

胡克 - 波义耳空气泵的复制品，原件制作于 1659 年。

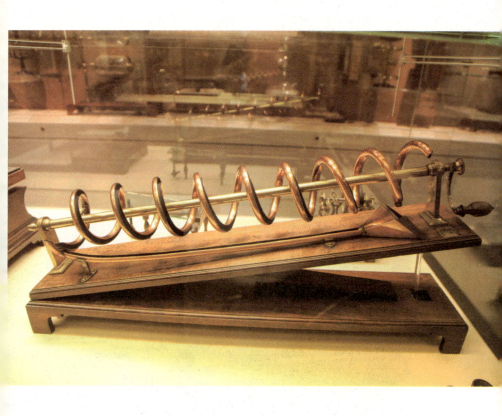

▽ 阿基米德式螺旋提水机

纽可门机（利用大气压力做功的蒸汽引擎）模型（1720 年制作），
原件制造于 1712 年，比更早的萨弗里（Savery）机更安全更高效。

〈 天球仪

△ 并置的温度计和湿度计，制作于约 1740 年。两个
  量具的刻度在当时均未标准化。

▷ 献给威尔士王子（后来成为英王乔治三世）的显微
  镜，时间应该是 1756-1760 年之间。

△ 带望远镜的象限仪

▷ 蒸汽引擎模型（模型制造于 1821 年，献给英王乔治四世），带有由瓦特发明的独立的
冷凝器和速度控制器。

△ 前景是反映 18 世纪科学发展历程的科学仪器原件，背景是那幅著名的油画《空气泵中的
小鸟实验》（英国画家约瑟夫·赖特于 1768 年创作）。每一件仪器仿佛还在呼吸，讲述
着那个伟大时代的故事。

四层的"发射台"是一个互动展区，有许多科学中心常见的互动展品。

　　维康翼位于科学博物馆的最西端，有地下一楼和地上六层。由于是维康资助修建，故命名为维康翼（wellcome wing）。维康信托（Wellcome trust）是英国最大的非政府基金会，它托管了美国制药大亨亨利·维康（Henry Wellcome, 1853-1936）爵士的遗赠，专门支持生物医学的研究，也支持相关的科学传播活动。在地上四层可以进入维康翼的维康医学史博物馆（The Wellcome Museum of the History of Medicine）。

▽ 实景模型：原始人的医疗实践。

▷ 14 世纪博洛尼亚大学的解剖课程

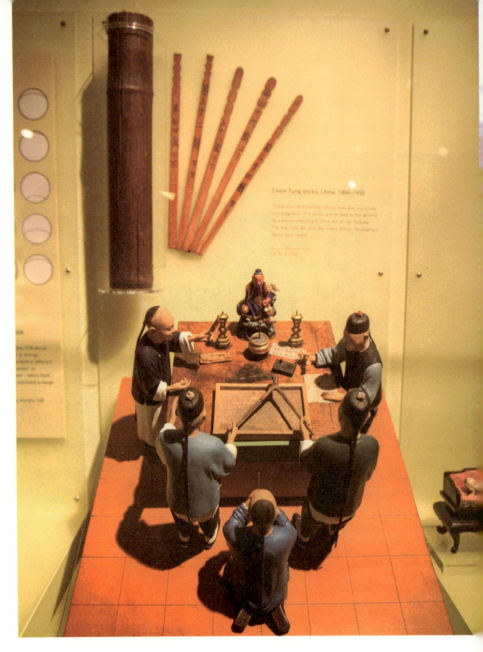

Chuen Tung sticks, China, 1800-1900

These sticks are bamboo sticks that give you clues
to a diagnosis. The sticks are thrown to the ground
by a person wanting to know his or her fortune.
The stick that fell tells you many things, so interpret
about your future.

◁ 中国古代流行的扶乩

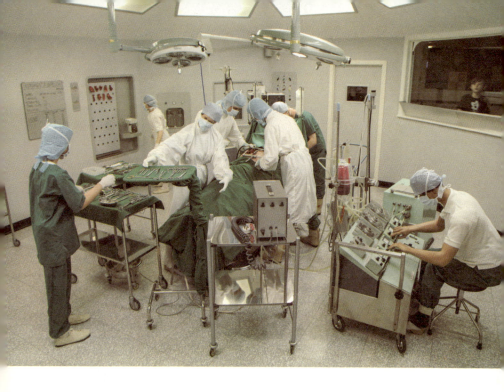

△ 现代的手术室，医生护士的蜡像维妙维肖。

　　看完全部展厅，感到无比震憾。这家老牌科技强国开办的科技博物馆就像是一个富翁展示他的厚实家底，宝贝实在是太多了，仿佛随便拿点东西出来，就能让人大开眼界。与之相伴随的感觉就是东西太多了，要是按照某种单一的线索整理一下就好了。

　　虽然已经很累了，但还是到邻近的自然博物馆地质厅一游。

地质厅的入口设计得十分别致

◁ 从宇宙演化到地球演化

▽ 种种岩石

剑桥惠普尔
科学史博物馆

WHIPPLE MUSEUM OF
THE HISTORY OF SCIENCE

惠普尔科学史博物馆外景。博物馆与剑桥
大学科学史与科学哲学系位于同一个楼，
即原来的物理化学实验室。

剑桥惠普尔科学史博物馆

WHIPPLE MUSEUM OF THE HISTORY OF SCIENCE

惠普尔科学史博物馆（Whipple Museum of the History of Science）与大学考古与人类学博物馆、塞奇威克地球科学博物馆、大学动物学博物馆一起，构成了剑桥重要的科学类博物馆群。它从属于剑桥科学史与科学哲学系，专门收藏和展出有价值的教学仪器和研究设备。在 20 世纪 30、40 年代，剑桥大学有强烈的意愿开辟科学史研究。1936 年，剑桥大学各院系举行了一次科学仪器展。1944 年，科学史讲座委员会成立，并且接受了剑桥科学仪器公司的原主任罗伯特·惠普尔（Robert Stewart Whipple, 1871-1953）的捐赠，获得了第一批近 2000 件古科学仪器和藏书，科学史博物馆

△ 主展厅中的望远镜

就此建立。从那时开始，科学史博物馆持续收集相关物品，通过购买、捐赠、征集等方式，迄今拥有 7000 件藏品。博物馆已经成为研究科学史的重要场所。每周工作日 12：30-14：30 向公众免费开放。

　　博物馆位于自由学校街（Free School Lane），面积并不大，共有四个展厅。在建筑物的二楼，有主展厅、发现展厅、新展厅，在三楼有面积较小的楼上展厅。观众进入博物馆后就进入了主展厅。

△ 植物学教学模具

▷ 19 世纪后期的植物学
教学模具

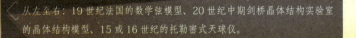

从左至右：19 世纪法国的数学弦模型、20 世纪中期剑桥晶体结构实验室的晶体结构模型、15 或 16 世纪的托勒密式天球仪。

基于惠普尔科学史博物馆藏品所做的科学史研究成果展示，多数是科学史与科学哲学系的学生论文。

▷ 星盘（左为约 1570 年的弗莱芒风格，右为 14 世纪英国的星盘）

◁ 古代的机械钟复制品（1992 年按四分之一比例复制），原件是 1327-1336 年间圣阿尔班斯修道院（The St. Albans Abbey）的大钟，由著名制钟匠人沃林福德的理查德（Richard of Wallingford）制造。

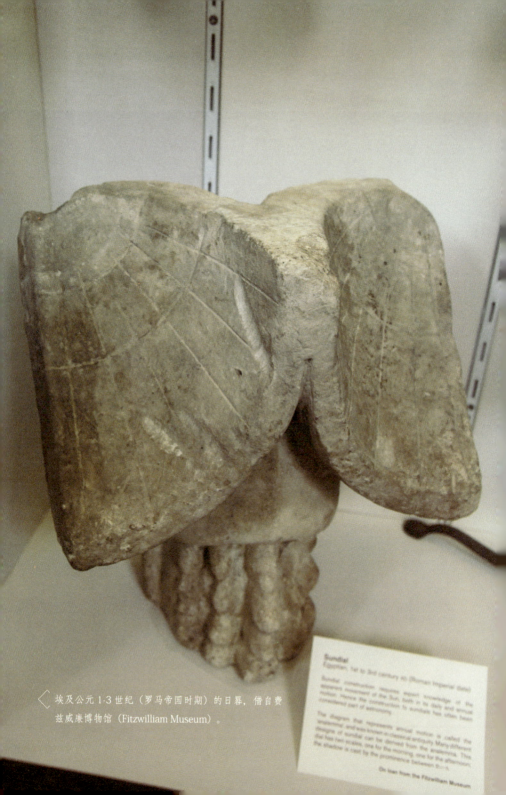

埃及公元 1-3 世纪（罗马帝国时期）的日晷，借自费兹威廉博物馆（Fitzwilliam Museum）。

△ 表示日地月三者关系的教具

△ 左：1872年拥有专利的行星仪；右：19世纪印度占星家的天球。

△ 约 1725 年制作的哥白尼式天球仪。即使到了 18 世纪初年，人们对哥白尼体系还是将信将疑，天球仪往往成对出售，一个按照哥白尼体系，一个按照托勒密体系。

△ 17 世纪后期英国制作的折射式望远镜

Ptolemaic armillary sphere
English, by Richard Glynne, *circa 1715*

Ptolemy's cosmology placed the moon along with Mercury,
Venus, the sun, Jupiter and Saturn in orbit around the Earth,
which stood at rest at the centre of the universe. Although a sun-
centred universe was more widely accepted among astronomers
in the 18th century, Ptolemaic armillary spheres such as this one
continued to be made and sold.

Wh.0784

1966

of the lunar modules and
ns made famous by man's
moon seem Earth-like and
re painted in relief like on
coloured blue. (Scale: 1

Wh.5843

约 1715 年制作的托勒密式天球仪

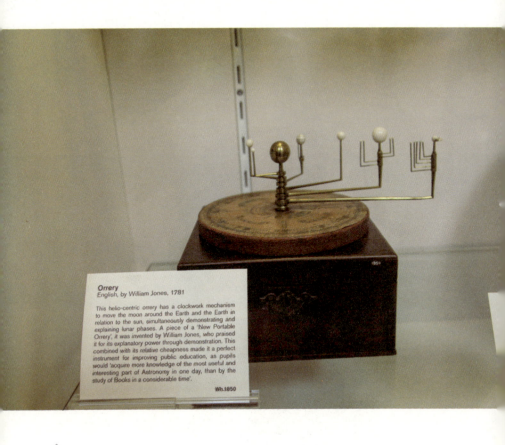

Orrery
English, by William Jones, 1781

This helio-centric orrery has a clockwork mechanism to move the moon around the Earth and the Earth in relation to the sun, simultaneously demonstrating and explaining lunar phases. A piece of a 'New Portable Orrery', it was invented by William Jones, who praised it for its explanatory power through demonstration. This combined with its relative cheapness made it a perfect instrument for improving public education, as pupils would 'acquire more knowledge of the most useful and interesting part of Astronomy in one day, than by the study of Books in a considerable time'.

Wh.1850

△ 1781 年由威廉·琼斯（Williams Jones）制作的太阳系仪

这架阿特伍德机（两个柜子之间的像衣架一样的东西）由法国人制作于约 1820 年。阿特伍德机由剑桥大学三一学院的乔治·阿特伍德（George Atwood, 1745-1807）发明，以展示匀加速运动的力学。两个重量略有差异的砝码通过一根绕过顶端的定滑轮的绳子相联，当它们自由运动时，略重的砝码将以匀加速下落（但加速度远小于自由落体的加速度）。下半部分有一个摆，每摆动一下敲一下铃。人们借此可以测量并验证重物下落过程的确是一个匀加速的过程。

△ 复合显微镜（左为 1690 年，右为 1740 年）

◁ 约 1835 年制造的消色差复合显微镜

△ 约 1940 年制造的消色差复合显微镜

'Microscopist's compendium'
Birmingham, by E. Marlow, circa 1885

This set contains all the equipment needed for
the preparation of microscope slides.

Wh.3122

◁ 约 1885 年的制作显微镜玻片标本的装备　　　▽ 约 1790 年的荷兰的显微玻片柜

Cabinet of microscope slides
Dutch, by Abraham Ypelaar, circa 1790

◁ 乔治·亚当斯（George Adams）在约 1760 年为"威尔士王子"制作的显微镜的仿制品。这个类别的显微镜原件，我们在伦敦科学博物馆里已经看到。

'Prince of Wales' microscope
English, by George Adams, circa 1760

In addition to the amateur pursuits illustrated in this case, microscopy was a gentlemanly activity during the eighteenth century. This microscope is a somewhat reduced version of one made by Adams for the Prince of Wales.

Wh.1003

◁ 列文虎克显微镜的复制品，约 1886 年由
英国人约翰·梅奥尔（John Mayall）制作。
列文虎克（Antoni van Leeuwenhoek）
是荷兰德尔夫特（Delft）的一位制衣商人，
业余爱好是磨制放大镜。到了 19 世纪列
文虎克显微镜的原件已经所剩不多了。

◁ 标准的千克和磅，20 世纪前半叶。

▷ 达尔文的显微镜（约 1846 年于伦敦制
造）。他于 1847 年花了 36 英磅购买，
这笔钱相当于今天的数千英磅，是一笔
巨款。

Standard kilogram and pound
English, signed 'Miller', first half 20th century
Wh.2242 & Wh.2241

Charles Darwin's microscope
London, by Smith & Beck, circa 184...

This microscope was owned by Charles D...
it in 1847 for £36. The amount Dar...
equating to many thousands of pounds...
Darwin was intent on having the best a...
Darwin bought the microscope for u...
barnacles, a project that occupied hi...

精密天平（约 1790 年法国制造），拉瓦锡曾经订购过这种天平，但比这个略大。

1800 年的八分仪（左）和 1780-1790 年间的六分仪（右）

▷ 威廉·赫歇尔的牛顿式望远镜（约 1790 年），这是惠普尔 1944 年捐赠物品的一部分。

◁ 1795 年的六分仪（左）和 18 世纪后期的八分仪（右）。

Grand Orrery

Planetarium by George Adams

乔治·亚当斯于约 1750 年制作的大太阳系仪。这个展品由塞奇威克博物馆转让。

△ 大太阳系仪。

▽ 18世纪晚期法国制造的汽转球动力车。汽转球（Aeolipile）是
古希腊人发明的蒸汽动力装置，到18世纪引起了广泛的兴趣。

△ 18世纪后期安置在木头支架上的空气泵（抽气机）。

Microscopes

△ 各式各样的显微镜

◁ 各式各样的天文和
  计时仪器

△ 人体模型　　　◁ 各式各样的望远镜

▷ 1348-1364 年间行星仪的复制品（1984 年复制）。行星仪由意大利帕多瓦大学医学、逻辑和天文学博士乔万尼·唐迪（Giovanni de Dondi, 约 1330-1388）制造。原件可能在 1809 年的战火中被毁坏，所幸的是唐迪对这座行星仪写下了详细的文字和图解说明，用中世纪拉丁文撰写的说明文字有几个抄本保留在图书馆里。1930 年代，星象史家贝里（G. H. Baillie）将之译成英文，1974 年英译本出版。这个复制品就是照此译本制作的。

指针指示诸行星的运动（按照托勒密体系和阿尔方索天文星表）。行星仪的第一面（照片上的右侧面）有一个占星球，球的两面的表格分别指示帕多瓦地区的日出和日落时间，在它们的上面是原动天或太阳指示盘。占星球的右侧面是金星指示盘和水星指示盘，再右侧面是月亮指示盘，再右侧面（照片上的正面）是土星、木星和火星盘。

与本书第 146 页的机械钟相比，这个差不多同时代（14 世纪）的天文钟表现了另一种不同的制钟风格。前者是钟表匠的作品，后者则是科学仪器。

◁ 另一个太阳系仪　　◁ 电学教具和设备：电流计、线圈、起电机、验电器。

T62   Musical box

How can I discover more?

5805   Model of
human ear

3920   Ericsson
telephone

1312.7   Helmholtz
apparatus

声学教具和设备：耳朵模型、电话机、留声机、音乐盒、扩音器。

3925

Sound

T349   Phonograph
stand

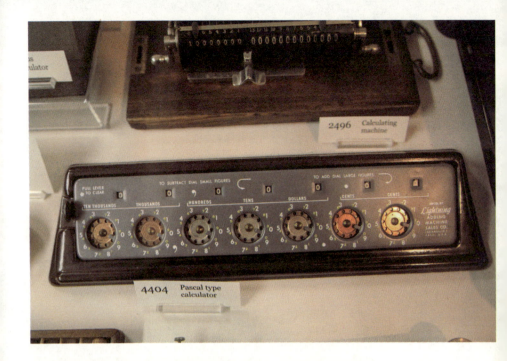

帕斯卡型计算器

手摇滚筒式计算器

KUHRT.

Deutsche Rechenmaschinenwerke
Leipzig

Wales Adding Machine Company
Schaffhouse

2094   Calculator

键盘式计算器

△ 1890 年法国制造的马齿模型

▽ 1965 年，电子探针最先在剑桥被发明出来，用以精密地探测化学元素。

△ 20 世纪的显微照相机，用以对显微标本成相。

◁ 剑桥科学仪器公司制作的仪器：电流计、植物生长过程测定器、电压计、旋转高温计、示波器、十进制拨盘式电桥等。

惠普尔科学史博物馆隔壁是惠普尔图书馆，也归剑桥科学史与科学哲学系所有。一名学生正在自习。

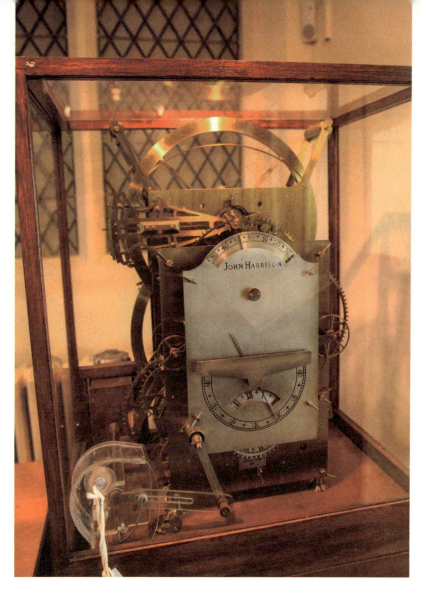

哈里森（John Harrison, 1693-1776）的海钟 H3 号复制品，2001 年由唐·昂温（Don Unwin）复制。1714 年，英国政府悬赏 2 万英磅以解决地球经度问题（要求精度在 30 海里以内）。哈里森通过制造精密计时时钟解决了经度问题。原件现存于格林尼治国家海事博物馆。

⊲ 维多利亚女王客厅一角

　　看完主展厅，上到三楼看"楼上展厅"，这里主要展出各式天球地球仪和行星仪。其中一个展区按照 19 世纪后期维多利亚女王的家居风格，布置成维多利亚客厅（Victorian Parlour）。女王家人对博物学和新科学均很有兴趣，他们的客厅摆设就反应了这种兴趣。这个展区允许观众动手，观众可以把书从书架上取下来阅读，也可以摆弄一下桌子上的东西。

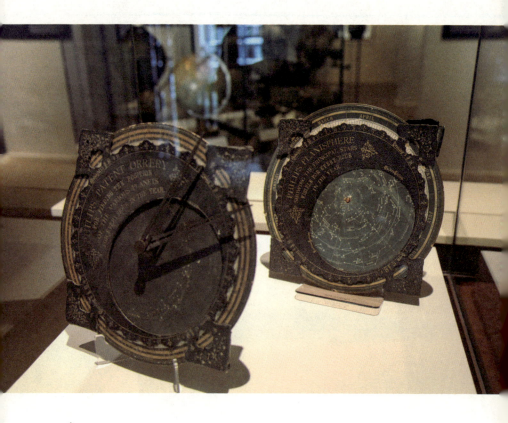

△ 星盘

各式地球仪

A full size representation of this globe is located on the other side of this wall

▷ 这块残片是柏林新博物馆收藏的一块残片的原大复制品，据信是古希腊一个恒星天球的一部分。这个恒星天球可能曾被用于天文计算。

▽ 上面的残片是这个完整天球的一部分

△ 18、19 世纪之交英格兰制造的台式太阳系仪

▽ 日地月三球模型（19 世纪下半叶由瑞典制造）

约 1790 年法国制造的托勒密式天球仪　　　1962 年美国制造的电动行星仪。

　　下楼接着看"发现展厅"。为了解决藏品多而展出空间小的矛盾，发现展厅采用了"可见收藏"的展陈方法，即观众可以拉开抽屉隔着玻璃看抽屉里的藏品。这些藏品分类集中存放，共有如下 17 个类：航海、天文、望远镜、显微镜、气象学、光学、时间、计算器、计算、医学、植物、演示、电、声、探测和视觉。每个藏品有一个单一的编号，如果你对这件藏品有兴趣，可以通过在计算机上查数据库、查打印材料、查相关书籍和卡片，获取更多信息。

◁ 发现展厅抬头写着：是的，你可以打开抽屉！

　　"发现展厅"旁边是"新展厅"，里面有一些互动展品，观众们可以动手玩。

　　整个惠普尔科学史博物馆面积不大，但科技遗产不少。虽说有许多是复制品，但仍然极为珍贵。用复制品来重建科学的历史，对我们中国的科技馆很有启发。中国不是近代科学的故乡，我们天生地缺乏科学、技术和工业的历史收藏，但通过精密复制，仍然可以在中国本土的博物馆再现科学的历程。

约克国家铁道博物馆

NATIONAL RAILWAY MUSEUM

约克国家铁道博物馆
NATIONAL RAILWAY MUSEUM

约克国家铁道博物馆（National Railway Museum）是大英科学工业博物馆群的成员，主要陈列英国铁路发展史上的火车及相关技术产品，展示铁路和火车对近代英国社会发展的影响。它正式成立于1975 年，但继承了英国国家铁道部几处博物馆（主要是大英铁路藏品与约克铁道博物馆）的藏品。它目前是全世界规模最大的铁道博物馆，观众人数在伦敦之外的英国博物馆中最多。本馆免费开放，欢迎捐赠。开放时间是每天上午 10 点到下午 6 点。

　　博物馆有车站厅（Station Hall）、大展厅（Great Hall）两个主要展厅，还有艺术馆（Art Gallery）、学习站台（Learning Platform）、搜索引擎（Search Engine）、仓库（Warehouse）和车间（Work）等几个小展区。

车站厅

◁ 整列的火车

WILLIAM LOVE.
DRIVER.

蒸汽火车头内部

△站台　　▽豪华车厢

△ 行李车外部   ▽ 邮件车厢内部

从车站厅来到大厅，这里收藏并展出了许多火车头。其中最大的一个火车头立即吸引了我的注意力，因为这个火车头与中国有关。

这个命名为 KF7 的火车头是 1935 年英国为广州 - 汉口铁路制造的，漂洋过海运到中国，直到 20 世纪 70 年代还在使用。退役之后，1981 年中国政府将它赠送给英国国家铁道博物馆。另一辆 KF 系列火车头收藏在北京铁道博物馆。

△ 蒸汽火车头内部。今天的人们更熟悉按键甚至触摸屏，对这些裸露在外的大小龙头、阀门、扳
　手、手柄、管道、压力计等，总是充满好奇。今天的技术对人类身体的要求，越来越集中于手
　指，人们也越来越难以理解何谓全身心地投入。

◁ 上面的中文铭牌表明，
　最后一次检查是 1971
　年 10 月 25 日。

SECR 号 D 级火车头第 737 号，1901 年制造。

斯蒂芬森的火箭号火车头复制品（由斯蒂芬森有限公司于 1934 年复制），原件于 1829 年制造，首先使用于利物浦 - 曼彻斯特的铁路。

△ 复制品十分精致，蒸汽动力的工作原理一目了然。本书作者在火箭号火车头前留影。

斯蒂芬森雕像

△ 1949 年生产的爱尔曼线（Ellerman Lines）火车头内部的蒸汽发生器

△ 仓库里面的藏品琳琅满目

△ 博物馆的外景，可以看出这里原来就是一个火车站。

◁ 车间里正在被维护的火车

▽ 车间的走廊里，有一小块互动区，观众们可
以自己动手制作火车模型。

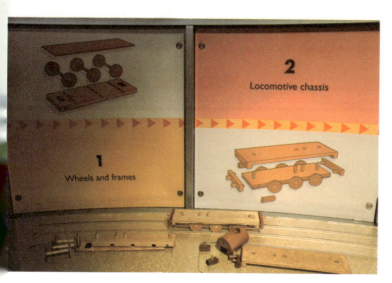

◁ 俯瞰"大展厅"

走向科学博物馆

中国的科技馆事业正在进入快速发展时期。公众参观科技馆的意愿越来越高，各级政府投资兴建科技博物馆热情也很高。然而，什么是科技馆？应该以何种路径发展科技馆？这些基本的理论问题还没有引起足够的关注。基本的理论问题没有达成共识、甚至处在无意识状态，我们的发展就有盲目的危险。

可以肯定，科技馆是一种来自西方发达国家的文化制度，要解决这些理论问题必须先正本清源，回到西方的语境之中，考察它的历史由来和发展历程。然而问题在于，迄今为止，我们日常习用的"科技馆"或"科学技术馆"等名称还没有官方正式发布的英文名称，以致于我们甚至无法肯定"科技馆"是否是博物馆，以及如果是的话，它对应的是哪种博物馆类型。

在西方国家，广义的科学博物馆（Science Museum）包括自然博物馆（Natural History Museum，简称 NHM）、科学工业博物馆（Museum of Science and Industry，简称 MSI）、科学中心（Science Center，简称 SC）三种类型，狭义的科学博物馆往往专指其中的第二类即科学工业博物馆。中国科协下属的中国自然科学博物馆协会目前下设自然博物馆、科技馆、自然保护区、水族馆（动物园、植物园）、天文馆、专业科技博物馆、湿地博物馆、国土资源博物馆等专业委员会。按照这个组织架构，似乎我国的"自然科学博物馆"相当于西方广义的"科学博物馆"，而"科技馆"，就目前全国各地实际的科技馆建设方案来看，不搞收藏、专门展出互动展品，则相当于西方的"科学中心"（比如广东省就称"广东科学中心"而不称"广东省科技馆"）。这样一来，我国的科学博物馆事业中就可能漏掉了综合的"科学工业博物馆"这个环节。

我认为，关注"科学工业博物馆"这个环节，是中国科学博物馆事业发展中的题中应有之义。走向科学博物馆，回归科技馆的博物馆本性，是未来中国科技馆事业发展中不可忽视的一种思路。

一 什么是科学博物馆

科学博物馆首先是博物馆。什么是博物馆？博物馆的基本功能是收藏、维护、展览，同时又要发挥研究、教育和娱乐的作用。在历史的发展过程中，博物馆的功能和定义发生了很多变化。传统上，博物馆是行使收藏、维护和展览功能的非营利性的常设机构：强调

"常设功能"是要与博览会相区别，强调"非营利性"是要与娱乐场相区别。此外，现代博物馆越来越强调自己的教育功能，但它是一个非正式教育场所，与正规的学校教育不同。科技博物馆本身也有变化。科学中心、天文馆可以不收藏。收藏的也不一定只是标本，也可以看活的东西，比如动物园、水族馆。这些场馆现在也被归入科技博物馆的行列。

总的来说，从内容上讲，博物馆有三大类别：艺术博物馆（Art Museum）、历史博物馆(History Museum)、科学博物馆(Science Museum)。在发达国家，科学博物馆的观众数量增长很快，直追传统的艺术博物馆和历史博物馆。

科学博物馆有广义和狭义之分。正如前面所说，广义的科学博物馆有三个大的类别：第一个类别是自然博物馆，收藏展陈自然物品，特别是动植矿标本，观众被动参与；第二个类别是科学工业博物馆，收藏展陈人工制品，特别是科学实验仪器、技术发明、工业设施，观众也是被动参与；第三大类别是科学中心，通常没有收藏，但观众是主动参与，通过动手亲身体验科学原理和技术过程。狭义的科学博物馆指的是其中的第二种，区别于自然博物馆和科学中心。

我国的"科技馆"目前走的就是科学中心的道路，但是始终没有采用科学中心的名称，只有广东明确打出旗号叫广东科学中心，其他地方都还叫科技馆。

关于这三个类别的科技博物馆，在我国有一个广泛存在的认识误区。有些人认为上述三个类别是科技博物馆发展历史的三个阶段：自然博物馆活跃于 17、18 世纪，科学工业博物馆活跃在 19 世纪，科学中心活跃在 20 世纪。这当然也不错，但我们要注意到，历史上三种类别的科技博物馆虽然有历史先后的顺序关系，但是，新的类型出来之后并没有把老的类型取代掉。科学工业博物馆出来后，自然博物馆没有被取代。同样，科学中心出来之后，科学工业博物馆也照办不误。因此，我们要认识到，三大类别的科学博物馆既是历时的又是共时的："历时的"，是历史上先后出现的；"共时的"，后者并不取代前者，而是各有所长、相互补充、相互借鉴、相互渗透。比如，今天的自然博物馆和科学工业博物馆都大量采纳科学中心的互动体验方法来布展，改变了传统上观众被动参与的模式。

在中国科学博物馆的发展过程中，我们跳过了科学工业博物馆这个环节，直接走向科学中心类型。这个做法也许有它的历史合理性，但是，我们也要反思它的问题。缺乏科学工业博物馆这个环节，可能使我们忽视科学技术的历史维度和人文维度，单纯关注它的技术维度。

二 科学博物馆的历史由来

博物馆（Museum）是现代特有的文化机构，但其词源是希腊语的 Mouseion。

Mouseion 原意是供奉智慧女神缪斯（希腊语 Mousai，拉丁语 Muses）的神庙。托勒密王朝统治下的埃及亚历山大城曾经建有一个被命名为 Mouseion 的文化机构。它包含有图书馆、动物园、植物园和研究所，收留学者在这里开展科学研究，大体相当于我们今天的科学院，并不是现代意义上的博物馆。科学史界通常将之音译为"缪塞昂"，或译成"缪斯宫"，而不译成"博物馆"。

现代意义上的博物馆起源于文物古玩的收藏传统。收藏之风自古皆有，中外皆同，王公贵族、帝王将相都有此爱好。古希腊和古罗马时代，人们常常在神庙里供奉稀有之物。中世纪这一传统似乎中断，但据史载，在有些修道院里也有关于植物标本、化石、矿石和贝壳的收藏。

文艺复兴时期，对古代书籍和古代遗物的收集成为时尚。新大陆的发现和世界航路的开辟，使欧洲人眼界大开，来自异域的奇珍异宝为达官贵人们所亲睐。印刷术的发明，使得收藏家之间可以便利地传播和交换各自的藏品目录。到了 17、18 世纪，私人收藏极为盛行。

现代意义上的博物馆是现代性的必然产物。何谓现代性？现代性是现代社会的发展所遵循的、借以区别于前现代社会的基本原则，它至少包含人类中心主义的原则和征服自然的原则。作为征服自然的战利品，各种动物、植物和矿物标本被采集和收藏，成为博物馆的第一批藏品。

从现代性的角度看，博物馆是干什么的呢？为什么博物馆这种文化制度只出现在现代的欧洲，而没有出现在古代希腊或中国？我认为，首先一点，博物馆是现代性自我生成、自我确认的场所。出国旅游的人都知道，西方的博物馆是西方社会的典型文化景观。旅游不看博物馆，基本上遗漏了核心的人文景观。一个人看博物馆的多少，意味着他进入现代性的程度和深度。我们中国人出去玩很少看博物馆，我们没有养成看博物馆的习惯，那是因为我们尚未进入现代，尚未成为现代人。

为了理解博物馆是现代性的生成和维系场所，是现代社会合法性的生产场所，我们只须举一个例子就可以看得很清楚。我们中国并不是没有博物馆，我们中国人其实也看过一些博物馆，但我们拥有的和看过的大多数是革命博物馆，这正是我们的政治课所要求的捍卫革命神圣性和合法性。通过革命博物馆的反复参观，让我们认同没有共产党就没有新中国、只有社会主义能够救中国。实际上，西方社会里的博物馆也有这种隐蔽的功能。无论科学博物馆还是自然博物馆，都有这种功能。博物馆里的展品不是单纯的中性的展品，本身就是在维护某种东西的合法性。博物馆的空间划分也不是中性的。还举我们中国人比较熟悉的例子，比如，某个过去有争议的人物进博物馆了，这就意味着有新的政治动向。我们不太讨论航天飞机进博物馆，也不太讨论大鲨鱼进入博物馆，只是因为我们对这些东西不敏感。

在西方国家，人种博物馆的展品摆设经常会有政治正确还是不正确的问题。奋进号航天飞机退役后进入了加州科学中心，成为当时轰动一时的公共事件。上海老自然博物馆要拆除，引发了一代上海人的怀旧潮。所有这些，都是因为博物馆深深植根于现代社会借以获得合法性的现代性之中。

博物馆在近代欧洲的出现，与现代性对自然的征服有关。所有的征服者都喜欢展示陈列战利品，通过陈列战利品感觉自己很伟大。现代西方人对自然的征服，对非西方人的征服，催生了博物馆这种文化场所的出现。最早的博物馆主要是征服自然的战利品：各种各样的动物、植物、矿物标本拿出来显摆，显示西方人对自然的控制。

博物馆是从私人珍藏室和珍宝馆脱胎而来的。珍宝馆往往以收藏为主，不对公众开放。博物馆之诞生的关键是建立"公众开放"观念。1682 年，英国贵族阿什莫尔（Elias Asmole）将其收藏的钱币、徽章、武器、服饰、美术品、出土文物、民俗文物、动植物标本捐献给牛津大学，创立了世界上第一座博物馆——阿什莫尔博物馆（Asmolean Museum）。阿什莫尔博物馆的旧址在牛津的宽街上面，旧址大楼现在是牛津大学的科学史博物馆。今天的阿什莫尔博物馆搬到了不远处的另外一个地方，主要是一个艺术博物馆而不是自然博物馆或科学博物馆。

然而，早期的博物馆通常主要收藏和展示自然标本，都是自然博物馆。

18 世纪博物馆开始大爆发，先后诞生了爱尔兰国家博物馆（1731 年）、维也纳自然博物馆（1748 年）、伦敦大英博物馆（1753 年）、威尼斯艺术学院美术馆（1755 年）、哥本哈根国立美术馆（1760 年）、俄国爱尔米塔什艺术馆（1764 年）、西班牙国立博物馆（1771 年）、美国南卡罗莱纳查尔斯顿博物馆（1773 年）等博物馆。

18–19 世纪博物馆大发展，源于启蒙运动和法国大革命后对公共教育的重视。许多贵族珍藏室开放成为博物馆。1793 年，卢浮宫改建为共和国艺术博物馆具有象征和示范意义。启蒙运动造就自我认同，民族国家的自我认同，通过什么？通过博物馆。我们要体现民族自豪感？通过博物馆。18 世纪以后的博物馆，越来越多开始从事教育功能。之前的博物馆主要以研究为主，一般不开放或者开放得很少，一周开几次，放几个人进去。法国大革命之后，原来的皇宫、皇家花园对普通公众开放，成为博物馆、植物园。

18–19 世纪，也是自然博物馆大发展的时期。这时期，动物、植物、矿物、人种等博物学科（Natural History，自然志）有了极大地发展。自然博物馆通常是博物学的研究基地。对自然界进行盘点的结果就是出现了世界四大自然博物馆：法国自然博物馆（1742 年）、伦敦大英博物馆（1753 年成立，其自然部于 1881 年分立出来，1963 年正式成立大英自然博物馆）、美国华盛顿国家自然博物馆（1773 年）、纽约美国自然博物馆（1869 年）。

19 世纪博物馆大发展，还源于殖民主义者对非西方文明的文化遗产的掠夺。

18 世纪工业革命产生的一个后果是，谁掌握了工业谁就是世界老大。整个 19 世纪是科学工业博物馆大发展的时期，著名的科学工业博物馆有法国巴黎工艺博物馆（1794 年）、维多利亚和阿尔伯特博物馆（1852 年）、伦敦科学博物馆（1857 年）、洛杉矶科学工业博物馆（1880 年）、日本国立科学博物馆（1871 年）、莫斯科科学技术博物馆（1872 年）、芝加哥科学工业博物馆（1893–1933 年）、慕尼黑德意志博物馆（1903 年）、维也纳技术博物馆（1918 年）、亨利·福特博物馆（1929 年）等。这些博物馆都起源于对工业革命成果的回顾与展示。

世界博览会催生了科技博物馆，比如 1851 年伦敦举办的首次世界博览会催生了伦敦科学博物馆，1876 年美国费城举办的世界博览会催生了富兰克林学会科学博物馆。世博会与科技博物馆的共同之处是，都收集和展示；都接待观众；都维护展品。世博会与科技博物馆的不同之处在于，博物馆是常设机构而世博会不是；世博会更多的是娱乐而非教育；世博会更多展示而不收藏。

世界博览会成了展示国家工业成就的方式。在展览会结束之后，或是将世博会的展品交给某个博物馆，如上海世博会云南展厅的恐龙化石在上海世博会结束后交给了上海科技馆；或是建立一个博物馆以收藏和展示世博会的展品，如英国在首次世博会之后就建立了维多利亚和阿尔伯特博物馆，其中科学与工业类的藏品于 1853 年分离出来，成立了南肯辛顿科学技术博物馆，后来演变成为伦敦科学博物馆。

最早的工业技术博物馆诞生于法国，这就是今天的法国巴黎工艺博物馆（Musee des Arts et Metiers，Museum of Arts and Crafts），它与国家工艺学院（Conservatoire national des arts et métiers，National Conservatory of Arts and Crafts）互为表里，用我们中国人的话说就是一个实体、两块牌子。前者负责对外布展，后者负责收藏。国家工艺学院成立于 1794 年，专门收藏科学仪器和技术发明。现今的巴黎国家工艺博物馆于 2000 年重新整修以现名对外开放。博物馆目前展出 2400 件历史性的藏品，包括傅科摆原件、自由女神像原模、帕斯卡计算器原件、拉瓦锡的实验仪器原件这些极为珍贵的科学技术历史遗产。

我国科技馆界工作人员去法国考察，很少去看工艺博物馆，都是去看维莱特科学中心和发现宫，原因就是我们缺少科学博物馆的第二种类型——科学工业博物馆。法国的三类科学博物馆是分开建的：法国自然博物馆、法国工艺博物馆、维莱特科学中心和发现宫四足鼎立。伦敦科学馆是合二为一，里面既有科学中心，也有科学工业博物馆的那些东西。芝加哥科学工业博物馆、德意志博物馆与伦敦科学馆的模式相似，都是科学工业博物馆 +

科学中心。

20 世纪科学博物馆大爆发，与人类进入科学时代有关。博物馆对科学时代的追随稍微晚半拍。19 世纪已经是科学的世纪，但公众开始喜欢科学、追逐科学，在 20 世纪表现得最为充分。20 世纪 50 年代以来，科技博物馆成倍增长，大大超过其它类型博物馆的增长速度。其中科学中心的崛起，是科学博物馆整体数目上升、影响增大的主要因素。现在经常提到的旧金山探索馆、安大略科学中心和维莱特科学中心，均是 50 年代之后的产物。

三 我国科技馆的现状与问题

中国博物馆是从西方传过来的，是西学东渐的结果。中国文化本来就缺乏博物馆传统：一来重"文"轻"物"，二来没有公共公开意识。王公贵族有收藏奇珍异宝之好者，往往私藏而秘不示人；中国人的文化认同主要靠"文"和"字"，并不通过以"物"为主的博物馆。中国人自己创建的第一座博物馆是南通的博物苑，由实业家张謇于 1905 年创办。

中国的科技类博物馆在所有博物馆中起步最晚。1958 年中国科技馆开始筹建而没有建成，直到 1988 年中国科技馆一期工程才完工。后来，各地陆续建了很多科技馆，但很多科技馆有其名无其实。多数打着科技馆名号修建的建筑，经常被挪作它用，有些甚至完全没有展品。直到 2000 年底中国科协颁布《中国科协系统科学技术馆建设标准》，此后科技馆建设才逐步走上正规。

近十几年科技馆发展形势喜人，主要是由于我国经济发展、政府投资、观众量增长的推动。现在各地已经建成了不少建筑面积超过 2 万平方米的大型科技馆，还有一大批正在建设中，如河南科技馆新馆、湖北科技馆新馆等。今后若干年，所有省会城市都会陆续建成超过 2 万平方米的大型综合性科技馆。

我国科技馆发展虽然形势喜人，但问题也比较突出。有些问题正在逐步解决。比如科技馆曾经经费不足，现在政府经费拨款普遍增加；曾经科技馆缺少起码合格的工作人员，现在中国科协和教育部联合培养高层次科普专门人才，办了很多科普方向的硕士研究生班，主要为科技馆培养后备人才；曾经科技馆难以吸引参观者，现在中国进入休闲社会，加上很多科技馆免费开放，观众十分踊跃。

当然，还有一些问题尚未解决或者尚未完全解决。一是理论研究滞后，许多基本的理论问题没有仔细研究、形成共识。二是展览水平低，展品雷同，特色不够。为什么特色不够或者雷同？我认为主要的原因在于，中国的科技馆都自觉不自觉地把自己等同于科学中心，完全不收藏，只搞互动展品。在世界范围看，科学中心模式本来就很难创新，加上中国的科技馆界通常自己缺乏研制展品能力，只能照搬照抄国外科学中心的展品，千馆一面就几乎是必然的后果。世界上一些有名的科学中心我都去看过了，我觉得都差不多。你要看特色，就必须有历史藏品，只有历史藏品才会有特色。我们把科技馆等同于科学中心，就难免雷同、千馆一面。当然，雷同也未必是坏事。每个省会城市办一个这样的馆，即使相互之间雷同，也问题不大。普通观众也不会像专家一样，比较各省会城市的科技馆。只要各省会综合大馆充分发挥自己的功能就可以。

我国科技博物馆的发展是跨越式发展，从自然博物馆直接到科学中心，缺失了科学工业博物馆这个环节。这一来是因为中国的工业化时间短，值得保存的工业遗产较少；二是因为我们普遍对科学技术的理解仅限于科学和技术本身，未考虑到科学技术的社会背景和人文的关联，历史维度淡薄。

跨越式发展，直接发展科学中心当然有它的合理之处。科学中心无须收藏，这样易于白手起家，尽快一步到位；此外，互动体验型展示，观众亲自动手，深受观众尤其少年儿童的喜欢，可以很快聚集人气，产生效果。

我们要想创造不雷同的科技博物馆，从根本上看，一是发展各馆自己的自主研制展品的能力，二是补上科学工业博物馆这个环节，开展科学技术与工业历史遗产的收集、收藏和布展工作。

四 走向科学博物馆

我们的跨越式发展，错失了对我们的工业遗产、科学遗产的收集整理，导致科学工业博物馆这个环节缺失。当然这不是科协一家的事，是全社会的事情。我经常在北大和校领导讲，我们北大为什么不建科学博物馆？为什么不抓紧收集北大历史上的理科教具、科研设备、设施？可是很多人没有这个概念，中国科学院也没有这个概念。中国人本来就重文轻物，文字传统压倒器物传统，这个制约了科学博物馆事业的发展。现在的许多校史馆、博物馆，器物遗产非常少，多是一些文字文物，甚至只有一些临时展板。

科学中心是时代发展的趋势，确实非常好。20世纪科学博物馆吸引那么多观众参观，这与科学中心的发展有关系。科学中心有没有缺点呢？我认为是有缺点的。首先，互动体验型展品更善于表达物理学，如力学、声学、光学、电磁学知识，但不太善于表现进化论、博物学、化学、生物学。其次，过份强调动手，观众就不怎么动脑了，极大地削弱了科技馆的教育功能，而沦为游乐场。在科学中心里，小孩子特别高兴，十分热闹，但是氛围不适合慢慢的品味。我们到艺术博物馆去，可以站在画前静静地欣赏好长时间，但在科学中心里难以做到。光强调动手不强调动脑会削弱教育，容易沦为游乐场。第三，展品设计者将科学原理和技术过程物化的过程中，过于明确地提供标准答案，没有开放性问题，杜绝了观众自主思考的余地。第四，就科技谈科技，缺乏来龙去脉的历史背景展示。第五，借助高新技术的互动展品容易被飞速发展的家庭娱乐电子设备所赶上甚至超过，逐渐丧失魅力，科学中心模式要么不可持续，要么面临不断的更新换代，极大地提高了运行成本。

我受湖北省科协的委托帮助设计湖北省科技馆新馆。我的一个设想就是，将新馆设计成一座科学博物馆，叫做湖北省科学博物馆，不叫科学中心，也不叫科技馆，明确叫"湖北省科学博物馆"，明确向科学博物馆的第二种类型（科学工业博物馆）回归，以伦敦科学博物馆为范本。伦敦科学博物馆展示的主要是历史遗产，是实物，并且想方设法把科技遗产的历史背景、人文的走向放进去，大人也可以在那儿久久地欣赏。在科技的历史遗产旁边有互动的展品来模拟，小孩可以玩这个。我们现在的科学中心基本上和车间差不多，展品后面的背景墙面利用很少，不像艺术博物馆和历史博物馆很重视背景布置。科学中心一般不重视背景。我举个例子，大气压的实验那是很有名的科学史事件，科学中心很少讲这个历史故事，而是直接把球内的空气抽出来让观众拉不开，从而体会大气的压力。但观众很少知道这件事情的来龙去脉。实际上，布展的时候可以模仿当年在马德堡做这一实验的历史情境，这样可以把科技的发展过程表现出来，揭示近代科学的诞生从一开始就和王公贵族的喜爱以及普通民众的积极参与结合在一起。

我的方案就是尝试把科学博物馆的三种模式融为一体。不同国家的科学博物馆发展模式不一样。伦敦是合二为一，法国一分为三，其他国家各有不同，有的合在一起做，有的分开做。我们国家缺乏大型综合科学工业博物馆。我们有火车博物馆、汽车博物馆、航天博物馆，但是没有一个综合性的科学博物馆，以展示近代西方科学技术向中国的传播过程，以及中国建立自己的科学技术体系的过程。这一空白应予弥补。

展望一个融自然博物馆、科学工业博物馆（目前中国几乎是空白）、科学中心三种模式为一体的综合性科学博物馆，她应该是：

——以历史为主线（而非以学科领域）划分展区，展现科技的发展历程，讲述一个完整而非碎片的科学故事；

——在历史情景中参与体验科学原理和技术过程。仍然发挥当代科学中心的特长，支持动手体验，而且是重演历史上的伟大发现过程。

——体现科技与社会、科学与人文的互动关系，支持观众的主动参与，对科学发展的社会后果进行辩论，提供不同讨论进路。

本文原载于《自然科学博物馆研究》2016 年第 3 期